美洲鸟类

图画构筑文明，遇见经典

< The Birds of America(북미의 새) >
Text and Illustration Copyright © by John James Audubon and Kim Sung Ho
All rights reserved.
The simplified Chinese translation is published by HUBEI FINE ARTS PUBLISHING HOUSE in 2022,
by arrangement with GRIMMSI PUBLISHING CO. through Rightol Media in Chengdu.
（本书中文简体版权经由锐拓传媒取得 copyright@rightol.com）

湖北省版权局图字：17-2021-192

图书在版编目（CIP）数据

美洲鸟类 /（美）约翰·詹姆斯·奥杜邦著；(韩)金成镐编；李翔华译. --
武汉：湖北美术出版社,2022.3
ISBN 978-7-5712-1247-6

Ⅰ. ①美… Ⅱ. ①约… ②金… ③李… Ⅲ. ①鸟类 - 美洲 - 图谱 Ⅳ. ①Q959.708-64
中国版本图书馆CIP数据核字(2021)第159708号

策　　划：谢莹
责任编辑：谢莹
特约编辑：高然
书籍设计：墨绿
技术编辑：李国新

出版发行：长江出版传媒　湖北美术出版社（武汉市洪山区雄楚大道268号 邮编：430070）
印刷：武汉精一佳印刷有限公司
开本：889mm×1194mm　1/16　　印张：14.25
版次：2022年3月第1版　　　　　印次：2022年3月第1次印刷
ISBN 978-7-5712-1247-6
定价：128.00元

版权所有·侵权必究
如有印刷、装订问题，本公司负责调换。
法律顾问&投诉热线：027-87679529

美洲鸟类
The Birds of America

【美】约翰·詹姆斯·奥杜邦 著
【韩】金成镐 编
李翔华 译

解说

生态作家,曾为韩国西南大学教授
金成镐

美国鸟类学之父

约翰·詹姆斯·奥杜邦

喜欢"走近"这个词。意为直接走近某种事物而不只是路过,其本身就是一件美好的事情。我也喜欢"等待"这个词。因为等待一个人或某种事物也非常美好。走得有多近,等待有多久,就有多美丽。

一生只专注于一件事情,只等待一件事的人,他的生活会是怎样的呢?有这样一个人,他走进鸟类世界,在漫长的等待中,完整地观察了鸟类的真实生活。他就是约翰·詹姆斯·奥杜邦(John James Audubon,1785—1851)。奥杜邦是美国鸟类学家、博物学家和画家,他观察记录了所有的美国鸟类。他因以实际大小,精确而细腻地描绘出鸟类的自然状态而闻名遐迩。观察和绘画就花费了30多年的时间,历经12年(1827—1838)才最终印刷出版的图鉴《美洲鸟类》(*The Birds of America*),堪称人类历史上最伟大的图鉴和鸟类学成就。在这世上,也只有奥杜邦才能做到吧。奥杜邦出版《美洲鸟类》前,都经历了怎样的生命历程?一生痴迷于鸟类的他和他的《美洲鸟类》给世界留下了什么?

30多年来，我走近生活在大自然中的生命里，过着平视它们、观察它们的生活。近15年来，我的观察对象已经缩小到单只鸟，更准确地说，我痴迷于观察一对鸟儿养育幼鸟的整个过程。

每天凌晨5点，我进入观察小屋开始一天的观察。鸟儿在早春进行繁殖，春日的凌晨5点还一片漆黑。有人会问，既然凌晨5点什么都看不见，为什么还要这么早进入观察小屋呢？我认为进行观察时，要尽量做到不去打扰鸟儿的日常生活，这算是对它们的一种尊重吧。更何况，开启美好一天的不仅只有太阳。在太阳升起之前，我们首先会被声音叫醒。凌晨5点，虽然什么都看不到，但可以听到某些声音，我会把听到的声音记录下来。在有声响之前，还会有风儿在动。每天的风都有所不同，我会用自己的身体去感受它、记录它。这是因为这一切都与鸟类的繁殖过程紧密相关。当我离开观察小屋，已经是鸟儿熟睡以后的深夜10点了。就这样，我一待短则两个月，长则四个月。

200年前，奥杜邦的心情可能与我现在观察鸟儿的心情一样。鸟是用两腿站立、有喙、可以飞翔的生物。鸟儿渴望实现的梦想是什么呢？不是爬行、走路或跑步，而是通过飞行实现自由。鸟在进化的过程中，将所有经历都献给了飞翔，并最终获得了一双翅膀。尽管如此，它们的身体可能还无法很好地腾空。为此，它们的骨头变得轻、薄，以此减轻身体的重量，但似乎这还不够，它们不在体内孕育宝宝，而是选择在体外产卵并孵化它们。虽然不知道哪个是先发生的，抑或这一切都是同时发生的，通过这样的过程，鸟最终成为自由的生命体。不过鸟的梦想并不止于实现自由。它们追求美丽，有单一颜色的，也有将世上所有的颜色都集于一身的，这样的生命体就是鸟类。爱鸟人士都会爱上鸟儿的自由，独特的外观和美丽的色彩。

现在让我们坐上时光机，走进奥杜邦的世界，与他一同感受对鸟儿的热爱。

遇见鸟，描绘鸟

奥杜邦（原名让-雅克·奥杜邦，Jean-Jacques Audubon）于1785年4月26日出生在当时还是法国殖民地的圣多明哥港口城市莱凯。他的父亲让·奥杜邦（Jean Audubon）是一名前法国海军军官，拥有一个甘蔗农场，母亲让·拉宾（Jeanne Rabine）是农场的女佣。奥杜邦的生母在他出生后不久死于热带病，幼小的奥杜邦在另一位女佣的照顾下长大成人。

1789年，奥杜邦的父亲卖掉了他在圣多明哥的农场，买下了距离费城约30公里的米尔·格罗夫（Mill Grove）农场。这个农场后来成为奥杜邦罹患风土病之后疗养身体的地方，也成为他在美国定居的住所。1791年，在奥杜邦7岁那年，他的父亲把子女中掺杂白人血统最多的奥杜邦带到法国。1774年，奥杜邦以让-雅克·福热·奥杜邦（Jean-Jacques Fougère Audubon）的名字在法国登记户籍，终于作为让·奥杜邦的儿子获得了合法身份。奥杜邦从小就很喜欢鸟类，他痴迷于鸟优雅的动作、柔软美丽的羽毛、完美的外形和绝妙的姿态，他还知道每只鸟表达喜悦和应对危险的方式都各不相同。就在奥杜邦因母亲的离世，心里没有任何依靠的那段时期，某天，有一只鸟儿来到了他的身边。他开始关注起鸟类，并全身心地爱上了它们。这对奥杜邦本人和世界来说都是万幸。可以说，这为奥杜邦出版《美洲鸟类》埋下了一颗种子。

父亲希望奥杜邦能成为像他一样的水手。奥杜邦12岁时进入海军学院，但未通过军官资格考试。此后，他很快回到陆地并沉浸于对鸟类的观察中。奥杜邦喜欢睁大好奇的双眼漫步于森林，悉心观察。他擅于找到鸟巢，并开始画鸟巢及其中的蛋。擅于找到鸟巢，说明奥杜邦对鸟的习性了若指掌，鸟一般会在容易躲藏的隐蔽处筑巢，奥杜邦则是走近这隐蔽处的人类。

不仅如此，奥杜邦将观察到的画面全部绘制成图，用于永久珍藏，这一点非常重要。笔者观察大自然中生命的时间也很久了，经历过很多难忘的瞬间，但这些会在我的记忆中停留多久呢？如果不是用文字、图片和照片去记录，可能早已所剩无几了吧。人类靠大脑中储存的记忆而生活，当然，记忆需要你彻底相信，但是记忆往往也并不真实。记录可以将记忆的持续时间延长，直到纸张和铅笔芯的寿命结束，它会让时间恢复成为原来的模样。奥杜邦之所以能够创作出《美洲鸟类》，并被誉为"美国鸟类学之父"，就是因为其有这种沉浸式的记录习惯。

为鸟爪绑上银线并等待

1803年，18岁的奥杜邦离开法国前往美国，以避免被征招参加拿破仑战争。正是在这个时期，他有了我们所熟知的美国名字——约翰·詹姆斯·奥杜邦。奥杜邦在前往纽约的途中感染了黄热病，康复之后，他与佃农一起生活在其父亲购买的米尔·格罗夫农场。米尔·格罗夫农场及其周围可以说是奥杜邦一生的宿命之地，因为这里是与鸟相遇的天堂，也是在这里，奥杜邦开始了与鸟类形影不离的生活。 谈及那段时光，他这样写道："无论高陵还是低洼，无论干燥还是潮湿，无论北坡还是南山，无论高耸的巨木还是低矮的枝丫，处处都是鸟类的栖息地。"可以看出，只要有鸟的地方，奥杜邦便会毫无顾忌地亲近，他已然对鸟儿着了迷。

奥杜邦希望以还原自然的方式将野生鸟唯妙唯肖地描绘出来。因此，他特别关注鸟的行为和习性，并最终揭开了鸟迁徙的秘密。每年秋天鸟儿的迁徙，长期以来都是一个未解之谜，当时的鸟类学家对此无法给出明确的解释。因此，有人说鸟类在水中过冬，甚至还有人说它们每年秋天都会去月球。奥杜邦也对此深感好奇：为什么有些鸟一年四季都可以看得到，而有些鸟却突然就消失了，来年又突然出现？

奥杜邦想出了一个办法，他将一根不易折断的柔软的银线系在菲比鸟的爪子上，便开始了漫长的等待。仿佛菲比鸟在配合奥杜邦的实验，它们每年都会回到同一个鸟巢，通过长达7年的反复验证，奥杜邦首次发现了鸟类随季节迁徙的事实。这即是"环志法"，即给鸟爪佩戴环志来确认候鸟的迁徙。在春日出现的鸟儿，到了秋天就消失了，周而复始，年复一年。这是一个不仅有浓厚的兴趣而且能保持持续观察习惯的人才能进行考证的问题。

奥杜邦还以其非凡的"剥制术"而闻名。20岁时，为了得到结婚许可他只身前往法国。在那里他结识了博物学家夏尔-马里·奥尔比尼（Charles-Marie d'Orbigny，1770—1856），并随其学习了动物标本"剥制术"。此后，他以独特的方式将这一技术发扬光大。"剥制术"对奥杜邦细致地描绘鸟儿起到了重要的作用，最终成为出版《美洲鸟类》的重要基础。

住在米尔·格罗夫农场期间，奥杜邦遇到了隔壁的农场主威廉·贝克威尔（William

Bakewell）和他的女儿露西（Lucy）。露西对大自然也很感兴趣，他们会投入大量时间一起去探索周围的大自然……1808年，也就是在相识的五年后，他们结婚了。

为鸟疯狂地活着

婚后，奥杜邦为了维持生计离开家乡，开始从事贸易，但他的兴趣依然是带着观察笔记观察和绘制鸟。在野外和森林，他像北美原住民一样背着皮水袋，头上戴着装满火药的牛角，腰间还插着刀子和可以投掷的斧头。他的心思全都在鸟的身上，所以生意做得并不顺利，不久米尔·格罗夫农场也落入了他人之手，奥杜邦一家人不得不生活在废弃的圆木屋中。最终，奥杜邦放弃了生意，重回妻子露西和儿子所在的肯塔基州，潜心观察鸟类和绘画。

回到肯塔基州的奥杜邦发现此前画的200多幅作品因被老鼠啃食已成为废纸。为此颓丧了一个多月，而后终于走出家门，决定重振旗鼓，潜心画鸟。沉迷于鸟的奥杜邦完全顾不上家庭，好在拥有教师资格证的妻子露西靠做家庭教师勉强维持着生计。

奥杜邦开始了更为疯狂的观鸟行为，并将其画下来，只要有鸟的地方，就能看到奥杜邦的身影。哪怕经常因此受伤、生病，即使存在危险和威胁，他也会毫不犹豫地去探索。可以想象当时的情景：奥杜邦披荆斩棘穿梭于荆棘丛中，衣物和皮肤被刮破应是家常便饭了。无论是踩空一步就会掉进万丈深渊的悬崖绝壁，还是泥泞的沼泽地，奥杜邦可能都会毫不犹豫地去靠近它们。

1826年的约翰·詹姆斯·奥杜邦

他应该不止一次滚落到被落叶覆盖的泥潭里,被毒虫和毒蛇蛰伤、咬伤,被传播疾病的大大小小的昆虫叮咬。待到身体稍有恢复,他便庆幸自己还活着,随即又投身于自己热爱的事业中去。奥杜邦把观察范围逐渐扩大到整个北美。首先,他把密西西比河从头到尾探索了一遍。1820—1822年，奥杜邦的助手约瑟夫·梅森（Joseph Mason）与他同行，并在创作新作品时，负责画图片中的背景植物。在奥杜邦的画作中，背景植物起到了至关重要的作用。

图鉴中的背景植物不仅提高了图片的美学价值，还因为它准确地描绘了鸟类栖息环境而具有生态价值。通过背景植物不仅能看出鸟的栖息地是森林、田野、河流还是海洋，而且还可以精确地了解到鸟的栖息环境。这是把奥杜邦与只画鸟儿的同时代其他画家区别开来的重要尺度。

奥杜邦专注于寻找并描绘在北美栖息的所有鸟类。他的目标是超越当时最优秀的鸟类学家亚历山大·威尔逊（Alexander Wilson，1766—1813）。他每天会画一幅作品，为心中的梦想《美洲鸟类》不懈努力。

从鸟的世界飞往艺术的世界

奥杜邦研究了画鸟的独家方法。当时大多数鸟类学家把捕猎来的鸟去除内脏，用特殊材料填充内部后进行剥制。这样剥制出来的鸟儿形态看起来极其生硬。因此，他们画的鸟儿并不自然，姿态也显得呆板。而奥杜邦在制作标本前，会将鸟的形态的变形降到最低，然后用铁丝固定，还原鸟儿在栖息地生活时自然状态下的样貌。奥杜邦在创作老鹰等重要标本时，从准备到观察，再到绘画，每天工作时间长达15个小时，通常需要花费好几天才能完成一件作品。他笔下的鸟儿看起来好像是在进食或捕猎，似乎在做某个动作的瞬间被人捕捉到一样。如果不是在鸟类栖息地，与它们长期相处并观察它们的一举一动，是无法完美精准地呈现出这样的作品的。

奥杜邦的画作以水彩为主，但有时为了表现出羽毛的柔软，也会用彩色粉笔或蜡笔在上面再涂一层颜色，尤其是画猫头鹰和苍鹭时经常会使用这种手法——先涂上多层水彩颜料，再在水彩颜料中掺入水溶性胶，使图片产生不透明的效果。个头小的鸟类主要画它们落在结有果实的树上或花枝上的样子，即使是同一种类的鸟也会画出不同的姿势，如飞舞翅膀的样子。体型大的鸟主要画它们在地面或树桩上的状态，同一科的鸟，则在一幅画面中呈现多个种类的鸟儿，以便比较不同种类之间的形态差异。奥杜邦不仅画鸟，还会画鸟巢和鸟蛋，并把瞄准鸟蛋和雏鸟的蛇等鸟类的天敌放在同一幅画中，以此提供生态学信息。在同一幅画里把雌、雄鸟，幼鸟都画出来，不仅可以比较雌、雄鸟，还可以比较成年鸟和幼鸟的外形。把鸟和鸟的栖息地原原本本地、自然地呈现出来是奥杜邦作品的特点。

有人认为奥杜邦的画按实际大小，把所有种类的鸟的全身画在一幅作品中，会让鸟的姿势看起来歪曲、夸张。但笔者认为，这是奥杜邦只选取了鸟儿在自然状态下的某一姿态来画的结果。对于奥杜邦捕猎、制作标本也有批判的声音。但是回到奥杜邦的那个时代，距今约200年前，没有任何观鸟设备，鸟的特性是不允许人去靠近的，仅凭一双裸眼，无法对鸟作出长时间的细致观察。即便是在拥有最尖端摄影设备的今天，照着鸟儿的照片、影像也难以画出如此细腻的画作。反之，也有人认为，捕猎鸟也是没有办法的事。以上两种不同的看法孰对孰错，就留给读者自己去判断了。

人类历史上最伟大的图鉴——《美洲鸟类》

辛劳只是一瞬，一切终将逝去。1824年，奥杜邦为出版鸟类图鉴回到费城寻找出版社。1808至1814年间，由于与亚历山大·威尔逊一起出版《美国鸟类学》（American Ornithology）的鸟类学会成员的反对，奥杜邦的出版梦想未能实现。《美国鸟类学》虽然是一部优秀的作品，但也只是把剥制的标本照着原样画出来而已，其图片背景是非常粗糙的。而奥杜邦超越既有局限，以实际大小，把栖息地环境也在画作中呈现出来，创下不可磨灭的功绩。很多人对此产生嫉妒心理，这也是他们阻碍奥杜邦出版画作的原因之一。

1826年，41岁的奥杜邦携带自己的作品远赴英国。在英国知名人士的帮助下，他开始举办画展，并以画展为契机，逐渐在英国稍有名气。奥杜邦的作品本身非常出色，但更加吸引英国人的是画作背景里的自然风景，这些风景使他们感受到了来自美国的异国风情，这对英国人来说非常新奇。在英格兰和苏格兰，奥杜邦走到哪里都会受到人们的盛情款待，被大家称为"美国森林人"，在此期间，他也赚足了可以出版《美洲鸟类》的费用。

奥杜邦以实际大小描绘了497种鸟，共创作435幅画作，并把他们雕刻在铜版上。《美洲鸟类》的尺寸为99厘米×66厘米，这是一部不朽的作品。因在一些画幅中同时画了多种鸟类，所以图片数量少于鸟的种类数量。有人认为，该书中鸟类出现的顺序是根据艺术效果、大众的熟知度来决定的；但也有人认为其顺序是遵循了"林奈氏"分类法。

以今天的价格计算，该书的印刷成本高达200万美元。奥杜邦靠书籍的预售费、作品展览收入、油画复印品销售费等自己攒下来的钱支付了所有的出版费用。其中通过售卖油画复印品不仅筹措了经费，还宣传了画作。

奥杜邦毕生致力于遇见鸟和画鸟，并倾注所有热情，最终孕育出巨作，与世人见面。人类历史上最伟大的图鉴《美洲鸟类》共有4卷，直至出版，前后历时12年。仅上色工作就有50多人参与。前十幅插画是由当时的雕版名家威廉·霍姆·里扎斯（William Home Lizars，1788—1859）制作。但由于没能很好地体现出原作，第一版最终由伦敦最著名的雕版师小罗伯特·哈维尔（Robert Havell, Jr.，1793—1878）通过铜版蚀刻工艺重新制作完成。

《美洲鸟类》封面，该书由约翰·詹姆斯·奥杜邦历时12年（1827—1838）完成。此图详见第143页图217。

一本书的大小一般由封面的宽度和长度决定，分为对开本（Folio，2张）、四开本（Quarto，4张）和八开本（Octavo，8张）。对开本可以细分为大象对开本（Elephant Folio）、阿特拉斯对开本（Atlas Folio）和双象对开本（Double Elephant Folio），最大长度分别为23英寸（约58.4厘米）、25英寸（63.5厘米）、50英寸（127厘米）。奥杜邦的《美洲鸟类》是一本高99厘米的双象对开本，比阿特拉斯对开本的最大长度还要大，被誉为蚀刻精美的、世界上最大的铜版印刷品。

奥杜邦在法国也很受欢迎，国王和贵族也订购了他的书。《美洲鸟类》凭借其魅力，风靡了欧洲的浪漫主义时代，在同类书中赢得了最高人气。

《美洲鸟类》出版以后，伦敦皇家学会（Royal Society of London）终于接纳奥杜邦为会员，并认可了奥杜邦的成就。伦敦皇家学会是英国最古老的自然科学学会，当代最优秀的学会，其成员包括艾萨克·牛顿、查尔斯·达尔文、阿尔伯特·爱因斯坦、迈克尔·法拉第、罗伯特·波义耳、詹姆斯·瓦特、亚历山大·弗莱明等改变世界历史的著名科学家。奥杜邦是继本杰明·富兰克林之后第二位当选会员的美国人。

在爱丁堡逗留期间，为招揽预约购买者，在爱丁堡皇家学会（Royal Society of Edinburgh）的维尔纳自然史学会（Wernerian Natural History Society）主办的活动中，奥杜邦演示了用铁丝固定标本的方法。其间，他遇到了当时还是学生的查尔斯·达尔文，遗憾的是，两人的缘分此后没能再延续，但是查尔斯·达尔文在《物种起源》和此后的著作中三次引用了奥杜邦的资料。

奥杜邦对鸟类的解剖学、行为学发展产生了巨大的影响。他留下的《美洲鸟类》是人类历史上最伟大的图鉴，被认为是书籍艺术中最优秀的典范。

《美洲鸟类》出版之后

在出版《美洲鸟类》之后，奥杜邦与苏格兰鸟类学家威廉·麦吉利（William MacGillivray，1796—1852）一起准备出版《鸟类学传记》（*Ornithological Biographies*）。《鸟类学传记》作为《美洲鸟类》的续集，是鸟类学的集大成之作，1831年至1839年共出版了五卷。

在19世纪30年代，奥杜邦继续在北美探索。在基·韦斯特（Key West）探险旅行中，陪同他的记者写了一篇新闻报道："奥杜邦是我所知道的最有激情，永远不会放弃的人。……暑热、疲劳或厄运接踵而至，他也从不气馁。每日凌晨3点起床，外出观鸟，下午1点返回。剩下的时间就画下观察到的事物，夜深后再外出。这样的日常重复几周甚至几个月。"从中可以看出奥杜邦是一位多么痴迷于鸟儿的人。

1841年，《鸟类学传记》出版两年后，奥杜邦回到了美国。1840年至1844年间，奥杜邦新增了65幅图作，出版了八开本（译者注：成品尺寸153mm×240mm）的《美洲鸟类》。因为这本书比巨大的英国版小很多，以标准开本印刷出版，所以价格方面也没有太大负担。同时，他的时间都在"订阅者招揽旅行"中度过。奥杜邦一辈子漂泊在外，没能好好照顾家人，这可能是他一生唯一的遗憾吧。

奥杜邦想去西部研究更多的鸟类，但他的梦想没有实现。因后期出现了阿尔茨海默氏病征，他最终于1851年1月27日在曼哈顿北部的家中去世，享年66岁。"美国鸟类学之父"奥杜邦被安葬在家附近的曼哈顿百老汇街155号的一个教堂墓地，墓地里有一座纪念奥杜邦成就的纪念碑，这里现在成为纽约市文化遗产的一部分。

奥杜邦的最后一部作品是关于哺乳动物的。1846年他与约翰·巴赫曼（John Bachman，1790—1874）合作出版了《北美四足动物》（*The Viviparous Quadrupeds of North America*）第一卷。第一卷中的插画大部分是由他的儿子约翰·伍德豪斯·奥杜邦所画，奥杜邦未能完成的工作随着他的儿子出版第二卷才得以完成，第二卷在1851年奥杜邦去世后出版。此外，在奥杜邦去世后，他的妻子露西以奥杜邦观察笔记为基础出版了《自然主义者约翰·詹姆斯·奥杜邦的人生》（*The Life of John James Audubon, The Naturalist*）。

奥杜邦对鸟类学和自然科学史的发展产生了深远的影响。此后，所有与鸟有关的作品都从他的热情和高水准的艺术性中受到启发。

马萨诸塞州奥杜邦协会（Massachusetts Audubon Society）是1896年建立的美国奥杜邦协会（National Audubon Society）的前身，是当今美国最具影响力的自然保护协会之一。奥杜邦协会在全美拥有数千个分会，会员人数达数十万人。

奥杜邦的踪迹遍布全美。435幅《美洲鸟类》原版水彩画作品，目前收藏于纽约历史协会（New-York Historical Society）。奥杜邦曾经居住过的宾夕法尼亚州的米尔·格罗夫农场目前也向公众开放。此外，还有介绍《美洲鸟类》等奥杜邦所有作品的博物馆，位于肯塔基州亨德森市的约翰·詹姆斯·奥杜邦州立公园的奥杜邦博物馆收藏了其水彩画、油画、铜版和遗物。

1940年美国邮政局为纪念奥杜邦发行了系列美国邮票。2011年，谷歌曾在奥杜邦诞辰226周年时举办了活动。此外，还有数十处以奥杜邦命名的公园、学校和街道，以此纪念奥杜邦。

凭借着对鸟的热情和以《美洲鸟类》为代表的多部著作，奥杜邦被誉为"美国生态学之父"和"美国鸟类学之父"。2010年12月6日，在与佳士得（Christie）并肩全球两大拍卖行之一的纽约苏富比（Sotheby）拍卖会上，《美洲鸟类》以1,150万美元的价格售出，成为世界上最昂贵的书籍。2013年11月26日，1640年出版的美国历史上首本印刷物《海湾圣诗》（*Bay Psalm Book*）在苏富比拍卖会上，以1,416万美元的价格售出，《美洲鸟类》随之成为世界第二昂贵的书。可以看出，这就是世界对奥杜邦的评价。

1850年的约翰·詹姆斯·奥杜邦

卷头语

摘选作品的标准

《美洲鸟类》全书收录了奥杜邦绘制的435幅作品,每张画作都精美绝伦。在本书中,我们只选取了其中的100幅。在遴选图片时,我们优先选择了能更好地体现出鸟类生态和行为的作品,同时,说明这些鸟的栖息地特性,例如在树林里生活,歌声优美的鸣禽;栖息在沼泽和水边的涉禽;生活在湖泊和大海中的游禽;攻击其他鸟类并进行捕食的猛禽等,尽量让各种鸟类占比均匀。在本书中,我们为了向读者介绍更为丰富的鸟类付出了很大努力。另外,综合考虑鸟类的习性、食物、颜色、大小、与本地鸟类相关性等因素,最终精选出100幅画。《美洲鸟类》这本书中有横图和竖图,我们遴选的100幅作品也是按照该书的插画顺序排列的。为方便读者欣赏画作,本书采用了先竖图后横图的排版方式。

《美洲鸟类》阅读说明

配合图片有下面几种标记方式。以第一幅画为例,图片的右上方标有Plate I,此为图1的意思。左下方标有"约翰·詹姆斯·奥杜邦在大自然中绘制"(Drawn from nature by J.J. Audubon)。下方中间处标有"Wild Turkey,MELEA GRISGALLOPAVO.Linn,Male.American Cane.Miegia macro sperma"。意思分别为:鸟的英文名(Wild Turkey,野生火鸡),鸟的学名(MELEAGRIS GALLOPAVO. Linn.,火鸡),性别(雄性)、背景植物的英文名(American Cane,美国甘蔗)、背景植物的学名(Miegia macro sperma)。其他图片说明也遵循这样的顺序。即按照鸟的英文名、鸟的学名、性别、植物的英文名、植物的学名等顺序标注。右下角标有雕版、修饰者姓名,如图1,"Engraved by W. H. Lizars Edin, Retouched by R. Havell Jun",其意思为由W.H.里扎斯·埃丁雕版,由R.哈维尔润饰。

《美洲鸟类》是一本以实际大小绘制编成的鸟类图鉴。该书尺寸很大，而且在一幅画上同时绘制两只以上的鸟的情况很多。在一幅画中同时出现两个个体时，通常一只为雄鸟，另一只为雌鸟。如果画有三个个体，则分别为雌鸟、雄鸟和幼鸟。奥杜邦在画幅旁边用小序号标注了哪个是雄鸟，哪个是雌鸟，哪个是幼鸟。因为插画本身的尺寸很大，所以这样标注说明是完全可以的。不过，本书呈现的图片为原图等比缩小版本。需要事先向读者朋友说明的是，在本书中无法识别每只鸟旁边的编号，原插图下方中间处标记的说明[例如1.male(雄鸟),2.female(雌鸟),3.young bird(幼鸟)]在本书中无法识别。我们虽然也想过在等比缩小版本的图片上面加注序号来表示鸟的雌雄，但考虑到这可能会冒犯到原作者奥杜邦的绘画作品，最终还是决定放弃标注。很遗憾，在这本图书中您看不到雌、雄、幼鸟的标注说明，但万幸的是，我们可以从外观上辨认雌雄——雄鸟比雌鸟更加华丽。另外，幼鸟从外观上，明显比父母小，且幼鸟在画面中主要是被哺喂食物，因此也能轻松分辨出来。值得注意的是，猛禽类雌、雄鸟从外表上几乎没有差异，但是雌性比雄性大很多。在一幅画中有许多同科的鸟类时，也没有分别标注相关说明。

关于本书图注的说明

本书采用的分类系统为《IOC世界鸟类名录》

顺序

1. Plate 001
Wild Turkey
雉科／火鸡・028

2. Plate 012
Baltimore Oriole
黄鹂科／橙腹拟鹂・030

3. Plate 017
Carolina Turtle Dove
鸠鸽科／哀鸽・032

4. Plate 026
Carolina Parrot
鹦鹉科／卡罗莱纳鹦哥・034

5. Plate 027
Red- headed Woodpecker
啄木鸟科／红头啄木鸟・036

6. Plate 033
American Goldfinch
燕雀科／北美金翅雀・038

7. Plate 042
Orchard Oriole
拟鹂科／圃拟鹂・040

8. Plate 047
Ruby-throated Humming Bird
蜂鸟科／红喉北蜂鸟・042

9. Plate 051
Red- tailed Hawk
鹰科／红尾鵟・044

10. Plate 053
Painted Finch
美洲雀科／丽彩鹀・046

11. Plate 054
Rice Bird
拟鹂科／刺歌雀・048

12. Plate 057
Loggerhead Shrike
伯劳科／呆头伯劳・050

13. Plate 061
Great-horned Owl
鸱鸮科／美洲雕鸮・052

14. Plate 062
Passenger Pigeon
鸠鸽科／旅鸽・054

15. Plate 066
Ivory-billed Woodpecker
啄木鸟科／象牙嘴啄木鸟・056

16. Plate 068
Republican, or Cliff Swallow
燕科／美洲燕・058

17. Plate 074
Indigo Bird
鹀科／靛蓝彩鹀・060

18. Plate 077
Belted Kingfisher
翠鸟科／带鱼狗・062

19. Plate 081 Fish Hawk or Osprey 鹗科/鹗 • 064	28. Plate 201 Canada Goose 鸭科/加拿大黑雁 • 082
20. Plate 121 Snowy Owl 鸱鸮科/雪鸮 • 066	29. Plate 206 Summer, or Wood Duck 鸭科/林鸳鸯 • 084
21. Plate 125 Brown-headed Nuthatch 鸭科/褐头鸭 • 068	30. Plate 211 Great blue Heron 鹭科/大蓝鹭 • 086
22. Plate 126 White-headed Eagle 鹰科/白头海雕 • 070	31. Plate 216 Wood Ibiss 鹳科/黑头鹮鹳 • 088
23. Plate 131 American Robin 鸫科/旅鸫 • 072	32. Plate 242 Snowy Heron, or White Egret 鹭科/雪鹭 • 090
24. Plate 168 Fork- tailed Flycatcher 霸鹟科/叉尾王霸鹟 • 074	33. Plate 250 Arctic Tern 鸥科/北极燕鸥 • 092
25. Plate 173 Barn Swallow 燕科/家燕 • 076	34. Plate 291 Herring Gull 鸥科/银鸥 • 094
26. Plate 179 Wood Wren 鹪鹩科/莺鹪鹩 • 078	35. Plate 311 American White Pelican 鹈鹕科/美洲鹈鹕 • 096
27. Plate 187 Boat- tailed Grackle 拟鹂科/宽尾拟八哥 • 080	36. Plate 356 Marsh Hawk 鹰科/北鹞 • 098

37. Plate 363
Bohemian Chatterer
太平鸟科/太平鸟 · 100

38. Plate 367
Band- tailed Pigeon
鸠鸽科/斑尾鸽 · 102

39. Plate 389
Red- cockaded Woodpecker
啄木鸟科/红顶啄木鸟 · 104

40. Plate 416
Hairy Woodpecker,
Red- bellied Woodpecker,
Red- shafted Woodpecker,
Lewis' Woodpecker,
Red- breasted Woodpecker
多种啄木鸟 · 106

41. Plate 417
Maria's Woodpecker,
Three- toed Woodpecker,
Phillips' Woodpecker,
Canadian Woodpecker,
Harris's Woodpecker,
Audubon's Woodpecker
多种啄木鸟 · 108

42. Plate 422
Rough- legged Falcon
鹰科/毛脚鵟 · 110

43. Plate 425
Columbian Humming Bird
蜂鸟科/安氏蜂鸟 · 112

44. Plate 428
Townsend's Sandpiper
丘鹬科/短嘴鹬 · 114

45. Plate 431
American Flamingo
红鹳科/美洲红鹳 · 116

46. Plate 002
Yellow- billed Cuckoo
杜鹃科/黄嘴美洲鹃 · 118

47. Plate 031
White- headed Eagle
鹰科/白头海雕 · 120

48. Plate 041
Ruffed Grouse
雉科/披肩榛鸡 · 122

49. Plate 176
Spotted Grouse
雉科/枞树镰翅鸡 · 124

50. Plate 186
Pinnated Grouse
雉科/草原松鸡 · 126

51. Plate 191
Willow Grouse, or Large Ptarmigan
雉科/柳雷鸟 · 128

52. Plate 202
Red- throated Diver
潜鸟科/红喉潜鸟 • 130

53. Plate 203
Fresh Water Marsh Hen
秧鸡科/王秧鸡 • 132

54. Plate 209
Wilson's Plover
鸻科/厚嘴鸻 • 134

55. Plate 210
Least Bittern
鹭科/姬苇鸦 • 136

56. Plate 212
Common Gull
鸥科/环嘴鸥 • 138

57. Plate 213
Puffin
海雀科/北极海鹦 • 140

58. Plate 217
Louisiana Heron
鹭科/三色鹭 • 142

59. Plate 221
Mallard Duck
鸭科/绿头鸭 • 144

60. Plate 222
White Ibis
鹮科/美洲白鹮 • 146

61. Plate 228
American Green- winged Teal
鸭科/美洲绿翅鸭 • 148

62. Plate 231
Long- billed Curlew
丘鹬科/长嘴杓鹬 • 150

63. Plate 236
Night Heron, or Qua bird
鹭科/夜鹭 • 152

64. Plate 239
American Coot
秧鸡科/美洲骨顶 • 154

65. Plate 244
Common Gallinule
秧鸡科/普通水鸡 • 156

66. Plate 252
Florida Cormorant
鸬鹚科/角鸬鹚 • 158

67. Plate 256
Purple Heron
鹭科/棕颈鹭 • 160

68. Plate 264
Fulmar Petrel
鹱科/暴雪鹱 • 162

69. Plate 281
Great White Heron
鹭科/大蓝鹭 • 164

70. Plate 286
White- fronted Goose
鸭科/白额雁 • 166

71. Plate 288
Yellow Shank
丘鹬科/小黄脚鹬 • 168

72. Plate 290
Red- backed Sandpiper
丘鹬科/黑腹滨鹬 • 170

73. Plate 292
Crested Grebe
鸊鷉科/凤头鸊鷉 • 172

74. Plate 293
Large- billed Puffin
海雀科/角海鹦 • 174

75. Plate 296
Barnacle Goose
鸭科/白颊黑雁 • 176

76. Plate 306
Great Northern Diver(or Loon)
潜鸟科/普通潜鸟 • 178

77. Plate 307
Blue Crane(or Heron)
鹭科/小蓝鹭 • 180

78. Plate 313
Blue- winged Teal
鸭科/蓝翅鸭 • 182

79. Plate 314
Black- headed Gull
鸥科/笑鸥 • 184

80. Plate 318
American Avocet
反嘴鹬科/褐胸反嘴鹬 • 186

81. Plate 321
Roseate Spoonbill
鹮科/粉红琵鹭 • 188

82. Plate 322
Red- headed Duck
鸭科/美洲潜鸭 • 190

83. Plate 326
Gannet
鲣鸟科/北鲣鸟 • 192

84. Plate 327
Shoveler Duck
鸭科/琵嘴鸭 • 194

85. Plate 328
Long-legged Avocet
反嘴鹬科/黑颈长脚鹬 • 196

86. Plate 331
Goosander
鸭科/普通秋沙鸭 • 198

87. Plate 335
Red-breasted Snipe
丘鹬科/短嘴半蹼鹬 • 200

88. Plate 337
American Bittern
鹭科/美洲麻鳽 • 202

89. Plate 341
Great Auk
海雀科/大海雀 • 204

90. Plate 346
Black- throated Diver
潜鸟科/太平洋潜鸟 • 206

91. Plate 361
Long-tailed(or Dusky) Grouse
雉科/蓝镰翅鸡 • 208

92. Plate 371
Cock of the Plains
雉科/艾草松鸡 • 210

93. Plate 381
Snow Goose
鸭科/雪雁 • 212

94. Plate 386
Glossy Egret
鹭科/大白鹭 • 214

95. Plate 401
Red-breasted Merganser
鸭科/红胸秋沙鸭 • 216

96. Plate 406
Trumpeter Swan
鸭科/黑嘴天鹅 • 218

97. Plate 411
Common American Swan
鸭科/小天鹅 • 220

98. Plate 412
Violet- green Cormorant,
Townsend's Cormorant
鸬鹚科/海鸬鹚,
加州鸬鹚 • 222

99. Plate 429
Western Duck
鸭科/小绒鸭 • 224

100. Plate 432
Burrowing Owl,
Large-headed Burrowing Owl,
Little night Owl,
Columbian Owl,
Short- eared Owl
多种猫头鹰 • 226

1. Plate 001

Wild Turkey

雉科

火鸡

雌性：90cm，雄性：120cm

走禽类

2. Plate 012

Baltimore Oriole

黄鹂科

橙腹拟鹂

17~22cm

鸣禽类

3. Plate 017

Carolina Turtle Dove

鸠鸽科

哀鸽
28~31cm
走禽类

※ 图的下部画的是雄鸟给孵蛋的雌鸟送食物。

Carolina Turtle Dove, COLUMBA CAROLINENSIS, Linn. Males 1. Females 2. White flowered Stuartia. Stuartia Malacodendron.

4. Plate 026

Carolina Parrot

鹦鹉科

卡罗莱纳鹦哥
34~36cm
攀禽类

Carolina Parrot

PSITTACUS CAROLINENSIS, Linn.

Males 1. Females 2. Young 3.

Cockle-bur. Xanthium strumarium.

5. Plate 027

Red-headed Woodpecker

啄木鸟科

红头啄木鸟
19~25cm
攀禽类

Red-headed Woodpecker.
PICUS ERYTHROCEPHALUS, Linn.
Male 1, Female 2, Young 3.

6. Plate 033

American Goldfinch

燕雀科

北美金翅雀

11~14cm

鸣禽类

※雀(finch)是雀形目燕雀科鸟类的总称,是家养鸟的代表性种类。尤其是孤立地散居在加拉帕戈斯群岛上的加拉帕戈斯地雀体现了生物系统分化,成为使达尔文坚定进化思想的重要因素。

American Goldfinch
FRINGILLA TRISTIS, Linn,
Male, 1. Female, 2.
Common Thistle. Cnicus lanceolatus.

7. Plate 042

Orchard Oriole

拟鹂科

圃拟鹂
16cm
鸣禽类

8. Plate 047

Ruby-throated Humming Bird

蜂鸟科

红喉北蜂鸟
7~9cm
攀禽类

Rubythroated Humming Bird.
TROCHILUS COLUBRIS, Linn.
Male, 1. Female, 2. Young, 3.
Trumpet flower. Bignonia Radicans.

9. Plate 051

Red-tailed Hawk

鹰科

红尾鵟
45~65cm
猛禽类

10. Plate 053

Painted Finch

美洲雀科

丽彩鹀

10~12cm

鸣禽类

II. Plate 054

Rice Bird

拟鹂科

刺歌雀
16~18cm
鸣禽类

※ 在移动过程中，能很好地啄食成熟的稻子，因此得名"食米鸟"。

Rice Bird,
ICTERUS AGRIPENNIS, Ch. Bonap.
Male, 1. Female, 2.
Red Maple. Acer rubrum.

12. Plate 057

Loggerhead Shrike

伯劳科

呆头伯劳
23cm
鸣禽类

13. Plate 061

Great-horned Owl

鸱鸮科

美洲雕鸮

43~64cm

猛禽类

※一般来说,猛禽类的雌禽比雄禽大。前为雄禽,后为雌禽。

Great Horned Owl.
STRIX VIRGINIANA, Gmel.
Male 1. Female 2.

14. Plate 062

Passenger Pigeon

鸠鸽科

旅鸽

38~41cm

走禽类

※它是北美特有的鸟种,现在已经灭绝。雌性(上)为雄性(下)送食物的景象非常罕见。

Passenger Pigeon.
COLUMBA MIGRATORIA, Linn.
Male 1, Female 2.

15.　Plate 066

Ivory-billed Woodpecker

啄木鸟科

象牙嘴啄木鸟

51cm

攀禽类

Ivory-billed Woodpecker. PICUS PRINCIPALIS, Linn. Male 1. Female 2. 3.

16. Plate 068

Republican, or Cliff Swallow

燕科

美洲燕
14cm
鸣禽类

No. 14.   PLATE LXVIII.

Republican or Cliff Swallow.
HIRUNDO FULVA, *Vieill.*
Male, 1. Female 2. Egg 3. Nests 4.

Drawn from Nature and Published by John J. Audubon, F.R.S.F.L.S.   Engraved, Printed & Coloured by R. Havell.

17. Plate 074

Indigo Bird

鹀科

靛蓝彩鹀

15cm

鸣禽类

※Indigo是深蓝色的意思。

Indigo Bird
FRINGILLA CYANEA, Wils.
Male Adult 1. M. first year 2. 2nd 3. Female 4.
Wild Sarsaparilla Schisandra coccinea.

※带鱼狗又名白腹鱼狗。

18. Plate 077

Belted Kingfisher

翠鸟科

带鱼狗

28~35cm

攀禽类

19. Plate 081

Fish Hawk or Osprey

鹗科

鹗
~60cm

猛禽类

Fish Hawk or Osprey. FALCO HALIAETUS. Male. Weak Fish.

20. Plate 121

Snowy Owl

鸱鸮科

雪鸮

52~71cm

猛禽类

Snowy Owl, STRIX NYCTEA, Linn. Male 1. Female 2.

21. Plate 125

Brown-headed Nuthatch

鸭科

褐头䴓

9~11cm

鸣禽类

※颈部有白色斑点的为雄性。

Brown-headed Nuthatch. SITTA PUSILLA. Lath. Male 1. Female 2.

22. Plate 126

White-headed Eagle

鹰科

白头海雕

86~94cm

猛禽类

※与Plate031（121页）为同一种，此图为亚成鸟。

White-headed Eagle.
FALCO LEUCOCEPHALUS.
Young.

23. Plate 131

American Robin

鸫科

旅鸫
20~28cm
鸣禽类

24. Plate 168

Fork-tailed Flycatcher

霸鹟科

叉尾王霸鹟

雌性：28~30cm，雄性：37~41cm

鸣禽类

25. Plate 173

Barn Swallow

燕科

家燕
18cm

鸣禽类

26. Plate 179

Wood Wren

鹪鹩科

莺鹪鹩
~10cm
鸣禽类

27. Plate 187

Boat-tailed Grackle

拟鹂科

宽尾拟八哥
雌性：26~33cm，雄性：37~43cm

鸣禽类

28. Plate 201

Canada Goose

鸭科

加拿大黑雁
75~110cm

游禽类

Canada Goose
ANSER CANADENSIS

※鸳鸯属鸟类具有在老树腐烂形成的空隙里产卵的习性。

29. Plate 206

Summer, or Wood Duck

鸭科

林鸳鸯
43~52cm
游禽类

30. Plate 211

Great blue Heron

鹭科

大蓝鹭
97~137cm

涉禽类

Great blue Heron. ARDEA HERODIAS.

31. Plate 216

Wood Ibiss

鹳科

黑头鹮鹳
100~115cm
涉禽类

Wood Ibis. TANTALUS LOCULATOR.

32. Plate 242

Snowy Heron, or White Egret

鷺科

雪鷺
~56cm

涉禽类

Snowy Heron, or White Egret.
ARDEA CANDIDISSIMA, Gm.
Male adult Spring plumage.
Rice Plantation. South Carolina.

33. Plate 250

Arctic Tern

鸥科

北极燕鸥
33~36cm

游禽类

34. Plate 291

Herring Gull

鸥科

银鸥

60cm

游禽类

Herring Gull.
LARUS ARGENTATUS.
1. Adult Male spring plumage, 2. Young in November.

35. Plate 311

American White Pelican

鹈鹕科

美洲鹈鹕

140~178cm

游禽类

American White Pelican
PELICANUS AMERICANUS, *Aud.*

36. Plate 356

Marsh Hawk

鹰科

北鹞

48~56cm

猛禽类

※体色小而明亮的是雄性。

Marsh Hawk
FALCO CYANEUS.

37. Plate 363

Bohemian Chatterer

太平鸟科

太平鸟
18~21cm
鸣禽类

Bohemian Chatterer.
BOMBYCILLA GARRULA.
Male 1. Female 2.
Pyrus Americana Canadian Service Tree.

38. Plate 367

Band-tailed Pigeon

鸠鸽科

斑尾鸽
33~40cm
走禽类

Band-tailed Pigeon, 1.Male 2.Female
COLUMBA FASCIATA, Say.

39. Plate 389

Red-cockaded Woodpecker

啄木鸟科

红顶啄木鸟

34~41cm

攀禽类

Red-Cockaded Woodpecker.
PICUS QUERULUS, Wils.
Males 1. Female. 2

40. Plate 416

Hairy Woodpecker
Red-bellied Woodpecker
Red-shafted Woodpecker
Lewis' Woodpecker
Red-breasted Woodpecker

多种啄木鸟

Hairy Woodpecker. Red-bellied Woodpecker. Red-shafted Woodpecker. Lewis Woodpecker. Red-breasted Woodpecker.
PICUS VILLOSUS, Linn. PICUS CAROLINUS, Linn. PICUS MEXICANUS, Aud. PICUS TORQUATUS, Wils. PICUS RUBER, Lath.

41. Plate 417

Maria's Woodpecker
Three-toed Woodpecker
Phillips' Woodpecker
Canadian Woodpecker
Harris's Woodpecker
Audubon's Woodpecker

多种啄木鸟

42. Plate 422

Rough-legged Falcon

鹰科

毛脚鵟

55~65cm

猛禽类

※随着成长，体色变成深棕色。左为老年鸟，右为亚成鸟。

Rough-legged Falcon
BUTEO LAGOPUS.

43. Plate 425

Columbian Humming Bird

蜂鸟科

安氏蜂鸟

~6cm

攀禽类

※蜂鸟是世界上最小的鸟,即使是成年蜂鸟,体长也大多不超过5厘米。它可以1秒振翅90次,以此来"悬停",吮吸花蜜。全世界大约有300多种。

44. Plate 428

Townsend's Sandpiper

丘鹬科

短嘴鹬
27cm
涉禽类

Townsend's Sandpiper.
FRINGA TOWNSENDI. Aud.
Females.

45. Plate 431

American Flamingo

红鹳科

美洲红鹳
120~145cm

涉禽类

46. Plate 002

Yellow-billed Cuckoo

杜鹃科

黄嘴美洲鹃
28~32cm
攀禽类

47. Plate 031

White-headed Eagle

鹰科

白头海雕

86~94cm

猛禽类

48. Plate 041

Ruffed Grouse

雉科

披肩榛鸡

40~50cm

走禽类

49. Plate 176

Spotted Grouse

雉科

枞树镰翅鸡
38~40cm
走禽类

PLATE CLXXVI

Spotted Grous
TETRAO CANADENSIS
Male 1. Female 2.
3. Fallen juv. 4. Eighty-two dichotes

50. Plate 186

Pinnated Grouse

雉科

草原松鸡
40~45cm
走禽类

Pinnated Grous. TETRAO CUPIDO, *Lin.*
Males 1.2. Female 3. *Lilium Superbum.*

51. Plate 191

Willow Grouse, or Large Ptarmigan

雉科

柳雷鸟
35~44cm

走禽类

52. Plate 202

Red-throated Diver

潜鸟科

红喉潜鸟

64cm

游禽类

Red-throated Diver. COLYMBUS SEPTENTRIONALIS. *Male adult summer plumage. 1. Winter plumage. 2. Adult Female. 3. Young.*

Drawn from Nature by J. J. Audubon, F.R.S. F.L.S.
Engraved, Printed & Coloured by R. Havell, 1836.

53. Plate 203

Fresh Water Marsh Hen

秧鸡科

王秧鸡
45~48cm
涉禽类

54. Plate 209

Wilson's Plover

鸻科

厚嘴鸻
17~20cm
涉禽类

55. Plate 210

Least Bittern

鷺科

姬葦鳽
28~36cm
涉禽类

PLATE CCX. No. 42.

Least Bittern, ARDEA EXILIS, Gm. 1. Male. 2. Female. 3. Young.

56. Plate 212

Common Gull

鸥科

环嘴鸥
40cm
游禽类

※随着成长体色变明亮。左图为成年鸟，右图为雏鸟。

Common Gull. LARUS CANUS. 1.Adult. 2.Young

57. Plate 213

Puffin

海雀科

北极海鹦

35cm

游禽类

58.   Plate 217

Louisiana Heron

鹭科

三色鹭
56~76cm

涉禽类

59. Plate 221

Mallard Duck

鸭科

绿头鸭
50~65cm
游禽类

Mallard Duck. ANAS BOSCHAS.

※随着成长体色逐渐变得明亮。左为成年鸟,右为雏鸟。

60. Plate 222

White Ibis

鹮科

美洲白鹮

53~70cm

涉禽类

61. Plate 228

American Green-winged Teal

鸭科

美洲绿翅鸭

35cm

游禽类

62. Plate 231

Long-billed Curlew

丘鹬科

长嘴杓鹬

50~65cm

涉禽类

Long-billed Curlew, NUMENIUS LONGIROSTRIS. 1.Male 2.Female. City of Charleston.

63. Plate 236

Night Heron, or Qua bird

鹭科

夜鹭
58~65cm

涉禽类

64. Plate 239

American Coot

秧鸡科

美洲骨顶
34~43cm

游禽类

PLATE CCXXXIX.

No. 48.

Drawn from Nature by J.J. Audubon. F.R.S. F.L.S

Engraved, Printed & Coloured by R. Havell. London. 1835.

American Coot.
FULICA AMERICANA. GM.

65. Plate 244

Common Gallinule

秧鸡科

普通水鸡

33cm

游禽类

66. Plate 252

Florida Cormorant

鸬鹚科

角鸬鹚

70~90cm

游禽类

67. Plate 256

Purple Heron

鹭科

棕颈鹭

81~91cm

涉禽类

※左边是冬天的样子，右边是夏天的样子。

68. Plate 264

Fulmar Petrel

鹱科

暴雪鹱
45~50cm

游禽类

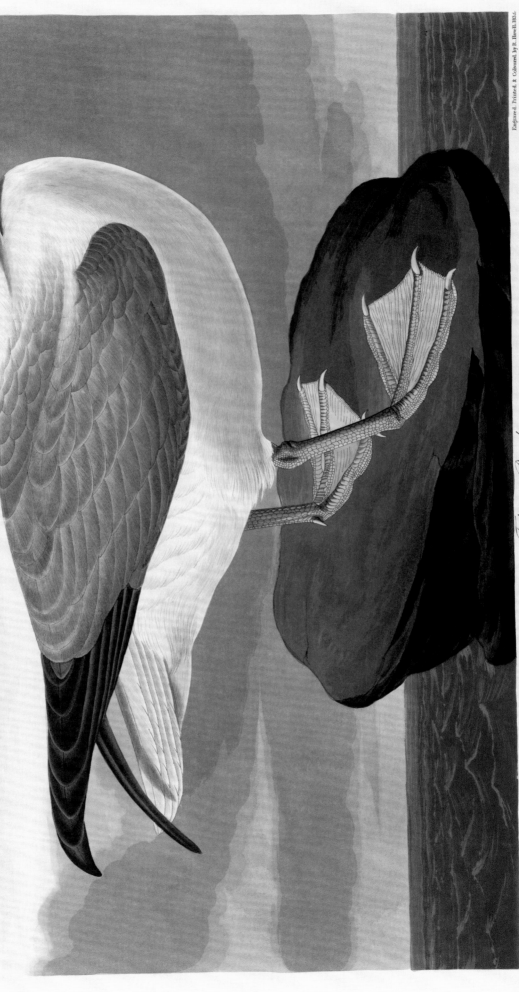

※佛罗里达州南部的咸水水域有种被称为"大白鹭"的鸟,实际上是大蓝鹭的白体。

69. Plate 281

Great White Heron

鹭科

大蓝鹭
90cm

涉禽类

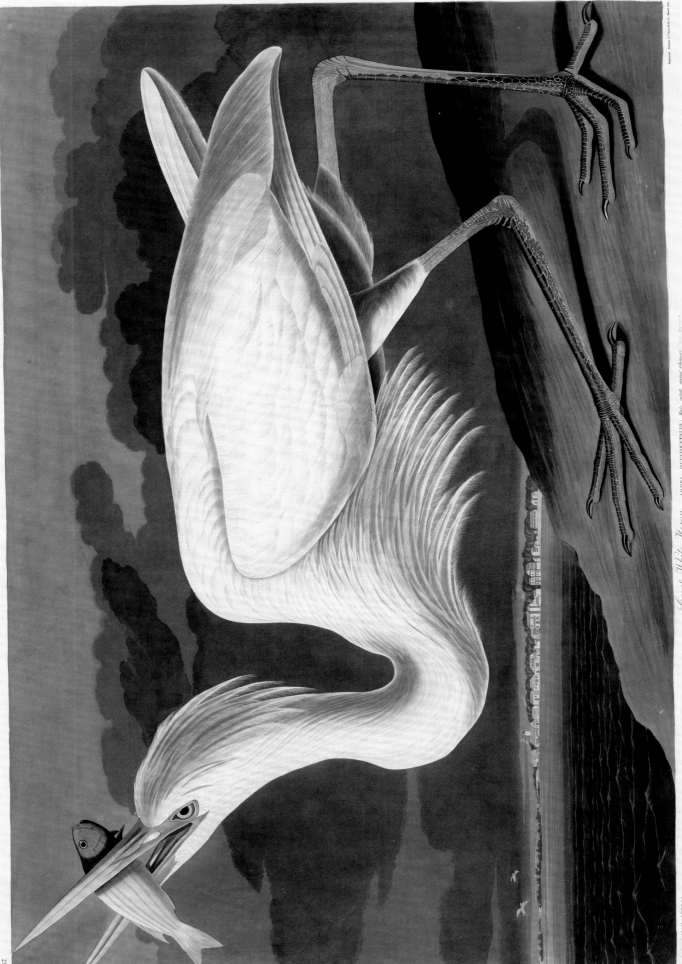

70. Plate 286

White-fronted Goose

鸭科

白额雁
66~86cm

游禽类

71. Plate 288

Yellow Shank

丘鹬科

小黄脚鹬

27cm

涉禽类

72. Plate 290

Red-backed Sandpiper

丘鹬科

黑腹滨鹬
25cm
涉禽类

73. Plate 292

Crested Grebe

䴙䴘科

凤头䴙䴘

56cm

游禽类

74. Plate 293

Large-billed Puffin

海雀科

角海鹦
35cm
游禽类

75. Plate 296

Barnacle Goose

鸭科

白颊黑雁
55~70cm

游禽类

76. Plate 306

Great Northern Diver (or Loon)

潜鸟科

普通潜鸟

69~91cm

游禽类

77. Plate 307

Blue Crane (or Heron)

鹭科

小蓝鹭

100~120cm

涉禽类

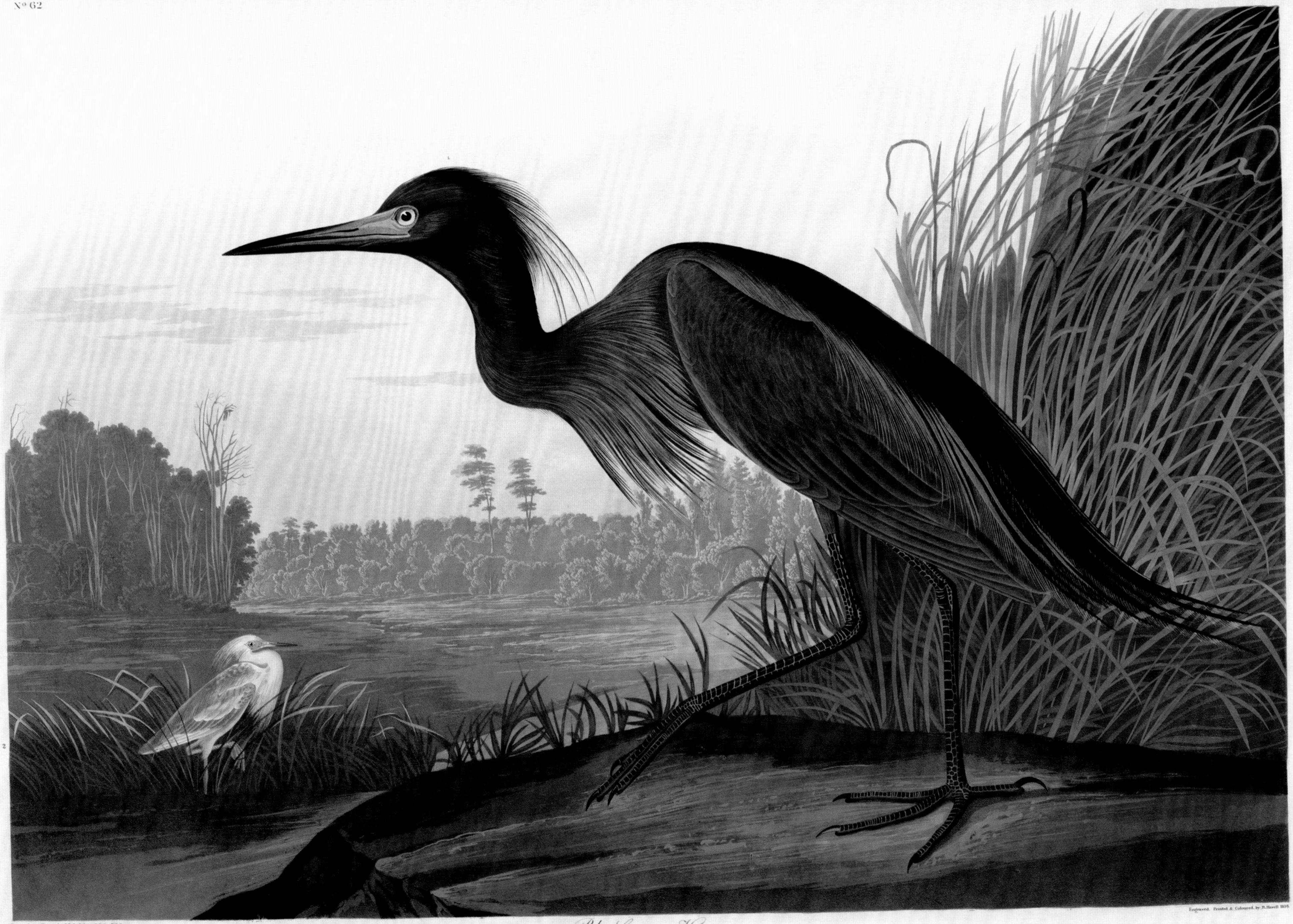

PLATE CCCVII.

Blue Crane, or Heron.
ARDEA CŒRULEA.
1. Adult Male spring Plumage. 2. Young second Year.

Drawn from Nature by J.J. Audubon, F.R.S. F.L.S.
Engraved, Printed & Coloured by R. Havell 1835.

78. Plate 313

Blue-winged Teal

鸭科

蓝翅鸭

40cm

游禽类

79. Plate 314

Black-headed Gull

鸥科

笑鸥

38cm

游禽类

80. Plate 318

American Avocet

反嘴鹬科

褐胸反嘴鹬
40~51cm
涉禽类

PLATE CCCXVII. No 64.

American Avocet.
RECURVIROSTRA AMERICANA.
Young in first Winter Plumage 1
Adult 2

Drawn from Nature by J. J. Audubon, F.R.S. F.L.S.
Engraved, Printed and Coloured by R. Havell 1836

81. Plate 321

Roseate Spoonbill

鹮科

粉红琵鹭

71~86cm

涉禽类

82. Plate 322

Red-headed Duck

鸭科

美洲潜鸭

46~58cm

游禽类

83. Plate 326

Gannet

鲣鸟科

北鲣鸟

93~110cm

游禽类

84. Plate 327

Shoveler Duck

鸭科

琵嘴鸭
43~51cm
游禽类

85. Plate 328

Long-legged Avocet

反嘴鹬科

黑颈长脚鹬

35~39cm

涉禽类

86. Plate 331

Goosander

鸭科

普通秋沙鸭
56~69cm
游禽类

87. Plate 335

Red-breasted Snipe

丘鹬科

短嘴半蹼鹬

27~30cm

涉禽类

88. Plate 337

American Bittern

鹭科

美洲麻鳽
58~85cm
涉禽类

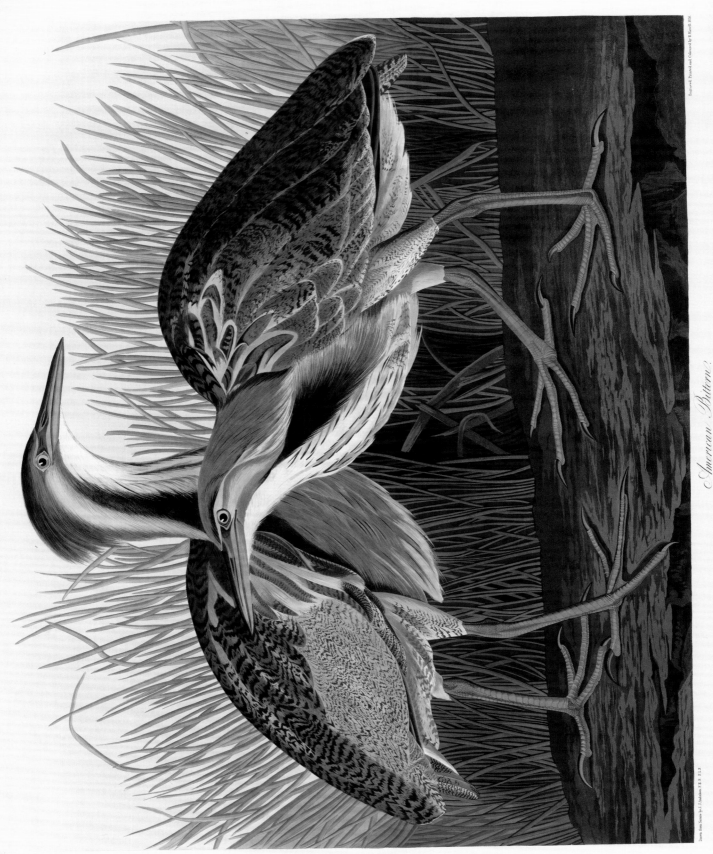

89. Plate 341

Great Auk

海雀科

大海雀
75~85cm
游禽类

※已灭绝

90. Plate 346

Black-throated Diver

潜鸟科

太平洋潜鸟
58~74cm
游禽类

91. Plate 361

Long-tailed (or Dusky) Grouse

雉科

蓝镰翅鸡

55~65cm

走禽类

92. Plate 371

Cock of the Plains

雉科

艾草松鸡

44~51cm

走禽类

※ 左边是雄性成鸟，右边是雌性雏鸟。

93. Plate 381

Snow Goose

鸭科

雪雁
64~79cm
游禽类

94. Plate 386

Great Egret

鷺科

大白鷺

94~104cm

涉禽类

95. Plate 401

Red-breasted Merganser

鸭科

红胸秋沙鸭

50~66cm

游禽类

96. Plate 406

Trumpeter Swan

鸭科

黑嘴天鹅
138~165cm

游禽类

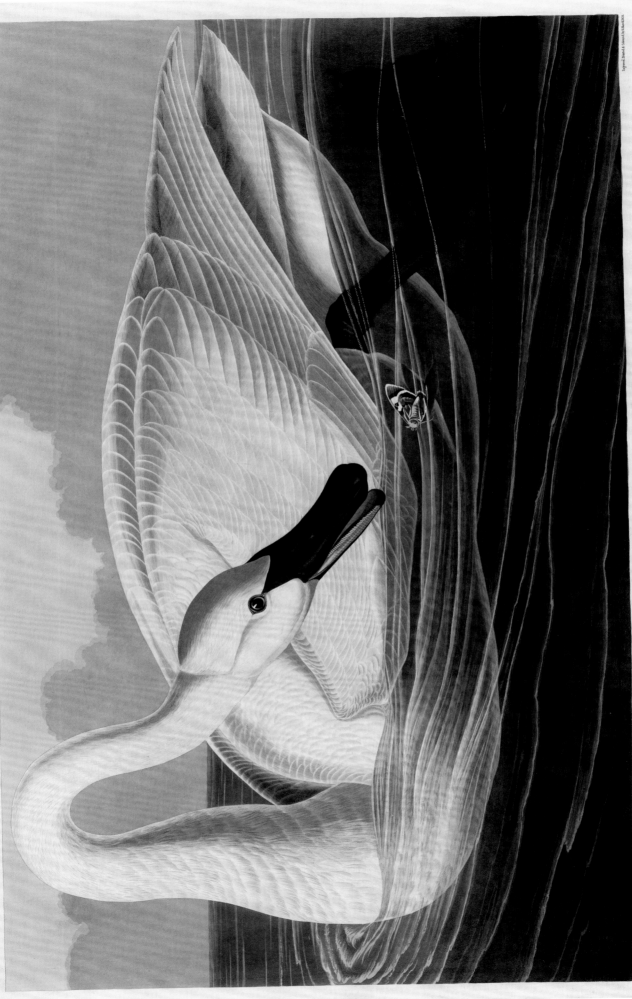

97. Plate 411

Common American Swan

鸭科

小天鹅
130~135cm

游禽类

98. Plate 412

Violet-green Cormorant
Townsend's Cormorant

鸬鹚科

海鸬鹚
加州鸬鹚
游禽类

※ 左边是海鸬鹚，右边是加州鸬鹚。

99. Plate 429

Western Duck

鸭科

小绒鸭
~40cm

游禽类

100. Plate 432

Burrowing Owl
Large-headed Burrowing Owl
Little night Owl
Columbian Owl
Short-eared Owl

多种猫头鹰

约翰·詹姆斯·奥杜邦（John James Audubon，1785—1851）

奥杜邦从小便流露出对鸟类的喜爱，痴迷它们优雅的动作、柔软美丽的羽毛、完美的外形和绝妙的姿态。他了解每只鸟在表达喜悦和应对危险时的情绪、方式。奥杜邦通过给鸟爪系上银线标记，考证了鸟类随季节迁徙的秘密，并为确认候鸟迁徙路线的行为和习性提供了依据。

奥杜邦满怀热情地寻找和绘制所有生活在北美的鸟类，这体现在他历经12年（1827—1838）不懈努力完成的《美洲鸟类》（4卷）里。《美洲鸟类》被认为是人类历史上最伟大的图鉴，也是书籍艺术的最佳典范。奥杜邦因为对鸟类的热爱和以《美洲鸟类》为代表的多部著作，被誉为"美国生态学之父""美国鸟类学之父"。

金成镐

怀着对生物的热爱，金成镐毕业于徽文高中，进入延世大学生物系，毕业后又在该校研究生院获得了硕士、博士研究生学位。1991年，他被聘为西南大学生物学系教授，此后开始将目光投向栖息在智异山和蟾津江的生命体。

他虽然研究的是植物生理学，但因对鸟类的喜爱，常被大家尊称为"鸟儿的父亲"和"啄木鸟之父"。著有《白背啄木鸟的育儿日记》《与普通鸭的80天》《黑啄木鸟森林》《林鸟的忙碌生活》《鸟的春夏秋冬》和《戴红帽的啄木鸟》等图书。在撰写《与普通鸭的80天》和《黑啄木鸟森林》两本书时，更是全天候记录、观察鸟儿的生活习性。此外，还著有《我的人生课》《漂亮的韩国玫瑰鲫》《村子后山有小泉眼》等图书。每一部作品都流露出科学研究者独有的探索、求知精神、敏锐的观察力以及对生命的热爱。2018年2月，作者告别了任教27年的大学，投身于自己的理想，潜心研究，成为一名生态作家。